[日] 自然生活编辑部　著
李重儀　译

萌肉自然家

多肉植物和空气凤梨的慢日常

中国画报出版社 · 北京

目录

IND TK07 86
16229
10W-40
SL/CF

前言

让生活空间清爽又明亮艳丽的令人瞩目的绿色植物：

多肉植物和空气凤梨！

不用经常浇水，忙碌的人也可以照料。

姿态独特，哪怕只有一株也很有存在感，只要用对了花器，就可以成为时尚有品位的空间中治愈的一角。

拥有非常多优点的多肉植物和空气凤梨，人气持续高涨。

最近几年，因被更多人注意，赏玩的方式也更加多种多样。

这本书里，尤其注目的是各种盆饰的装饰方法。

敬请阅览富有个性的品种范例、创意手工制作的花器，以及为使植物魅力最大限度展示出来的多种多样的物品。

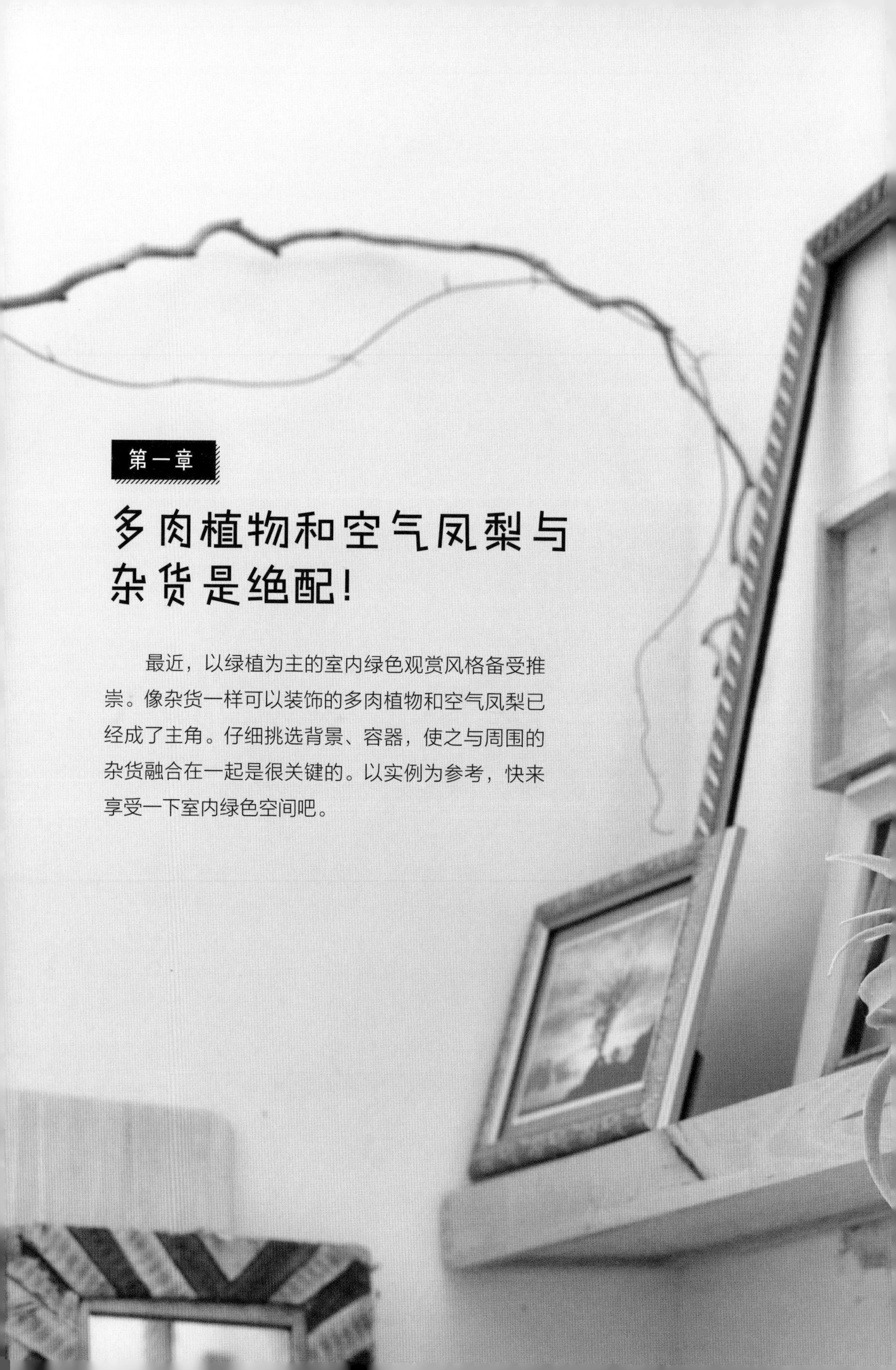

第一章

多肉植物和空气凤梨与杂货是绝配！

最近，以绿植为主的室内绿色观赏风格备受推崇。像杂货一样可以装饰的多肉植物和空气凤梨已经成了主角。仔细挑选背景、容器，使之与周围的杂货融合在一起是很关键的。以实例为参考，快来享受一下室内绿色空间吧。

HIMAY
Trappistes
Mc
HOUFFE
WHITE
EDETT

追求简练的帅气

绿色主角的大气展示

大量运用绿色的装饰风格很受瞩目。配合优雅的中古花器、紧凑的黑色或是商标、锈迹斑驳的杂货，向大家介绍帅气时尚又有品位的住宅。

阳光从工作室兼客厅的天窗映射下来。被包围在绿叶植物和多肉植物的丛植中，好似温室般的感觉。

左 / 玻璃瓶中的仙人掌和桃源乡那种独特的姿态很是显眼。如果是在阳光充足的地方，在室内也可以栽培。
右 / 桌子上摆满了用玻璃瓶栽培的水培植物，像在实验室一样。前面两株根部隆起的是细叶榕。

01

用简练的容器演绎深沉知性品位

近藤义展 近藤友美

与多肉植物一起生活 园林般的家庭工坊

近藤夫妇以“季色”组合活跃在多肉植物演绎的各个方面。自家的住宅是展示厅兼工作室，那里仿若是一片治愈的空间。“我们家的主角是植物。在家的时候，不是在照料植物，就是在制作，一天都在和植物打交道。”义展如是说。陪衬各品种多肉植物盆栽的是匠人打造的花器或是有着经年味道的杂货。简单的形式，暗光的质感，给人冷淡印象的容器，使植物本身的形态和生命力更显突出，展示了匠人的创意。

丝苇属的仙人掌猿恋苇。富有情趣的突起部分的盆栽，备受陶艺家的注目。

这里是次卧。墙边的壁橱和桌子上都放着喜好古董的友美挑选的旧物。

垂枝的品种给人丰盈、饱满的视觉感受

左 / 玄关旁边的墙壁上挂着各种各样栽有多肉植物的盆饰。向下垂着的翡翠珠很有存在感。
中 / 大叶拟石莲花属的多肉植物被打理得如花团一般，直接放在玻璃器皿中。
右 / 四角的木桶中丛植了枝叶下垂的多肉植物。紫色的拟石莲花属的植被看起来很是漂亮。

充满活力的多彩盆饰

玄关入口处的店铺区域。天然石的地面、吊挂盆栽用的管子和旧家具、帅气的选材，使空气凤梨很好地融入进明亮的空间中。

旧时钟与多肉植物的组合

以时钟为底座的壁挂盆饰。古朽的时钟和色彩艳丽的多肉植物堪称绝配。

多肉植物可爱的感觉与时尚帅气的容器是绝妙的搭配

左上 / 清凉感的蓝色容器里，丛植了绿色渐变组合植物。
左下 / 弦月造型的时尚帅气的灰色花器是为了展示而特意请陶艺家打造的。泛着红色的青锁龙属的红叶祭被垂吊起来观赏。
右上 / 使用了月牙状凹陷的容器盆饰。亚光的质感使多肉植物显得更加剔透。
右下 / 在方形容器中把多肉植物丛植成花冠模样，像花田一般楚楚可人的一盆。开着可爱动人的花朵的是花蔓草。

摆放出售的作品的架子。极有味道的家具和多肉植物的丛植很搭配。

用作花器的篮筐展现亚洲风格

枝肥叶硕的帝王凤梨搭配清凉感材质的篮筐的花盆。

左 / 客厅里的大型龙血树属的植物放在锈迹斑驳的推车中。因为有滑轮，沉重的盆栽移动起来也很方便。
右 / 又高又长的极富个性的千里光属仙人笔被放在铁桶式花盆里。三盆放在一起成为楼梯转角处的一个亮点。

客厅的一角摆放了一些仿真空气凤梨、沉木与吊旗、树枝的吊挂，很有韵律地装饰了这个角落。

02

活用墙面
令小巧的绿色植物变得耐人寻味

Aki

用英文字母、沉木、生锈的杂货等元素有韵律地装饰绿色

Aki 巧妙地借用墙面、家具、门窗之类的东西，把这些植物打理得很有看点。用涂漆和模板之类的工具将罐子花盆重新装饰，或是活用带有铁锈、字母等的男性化的杂货。她很喜欢尝试创造复古的氛围。

特别想让大家参考的 Aki 的是，她重视纵向的造型方式。用沉木或悬吊架把室内的空气凤梨垂吊起来，把一些仿真植物直接挂在家具或是墙壁上。阳台上，自制的木质壁面、木箱及短小型支架相配合，与小小的多肉植物摆放在一起。小容器的选择、轻盈的配色也是值得借鉴的。

仿真植物与鲜活植物交织搭配。Aki 追求自然风格的装饰创意，有效利用空间的能力十分出色。

左 / 在窗边摆放喜好阳光的植物。
右 / 用烧杯水培多肉植物。阳光照射进来时，根部透过杯身可见，很漂亮。

室内使用了不需要照顾的仿真植物

左 / 在床脚处 Aki 自己打造了一个书架。最上面做成了箱状，丛植了很多仿真植物。
右 / 客厅的墙上有一部分装上了复古感的涂漆木板、仿真的空气凤梨、小仙人掌等盆栽，与印有字母的黑板摆放在一起。

在具复古感的空间里
巧用配色
创造轻盈的氛围

活用墙面栏栅、木箱、踏台，利用纵向空间。空间小也不会有压迫感，是很有韵律的装饰。

用不同颜色的多肉植物立体丛植

清爽的白色珐琅容器里丛植了淡色调的多肉。

观赏生锈的容器与水嫩的多肉的对比

左 / 铁锈斑驳的容器里，主要种植了浅绿色系的多肉植物，用来增强对比。

右 / 阳台一角的墙壁上设置了印有英文字母的 DIY 壁板。在男性化的背景衬托下，生锈杂货中摆放的多肉植物看起来很漂亮。

利用印有英文字母的花盆、杂货提升休闲感

左/绿色的栏栅上，悬吊由自己或是插画家朋友重新制作的罐子。用模板或是手写的英文字母很好地展现了男性化氛围。
右/黑白组合给人帅气印象的陶制花盆。Aki很喜欢收集这些写有各种字体的英文标识的花盆。

用油漆染色过的自制板壁风栏栅。装上悬吊杂货或是隔板，把小花盆很有层次地装饰起来。

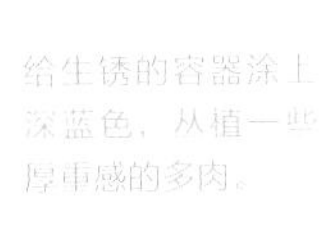

给生锈的容器涂上深蓝色，丛植一些厚重感的多肉。

生锈的杂货和多肉植物是绝配

陈列了很多自制和匠人重新制作的花盆

左/用白蓝涂漆的同样大小的三个迷你花盆是自己重新制作的。用配色、深浅、字母的不同来赋予变化。
右/使用了原创木盒的丛植。陶器、铝罐、木盒等，不同质地的花盆完美地融合在一起。

03

让大小不同、形态各异的植物在角落里吸引眼球

中森千纱

客餐厅角落。玻璃桌上，仙人掌、龙舌兰、多肉植物的丛植组合，与铁兰属的植物等打造了立体的装饰空间。

与木头的质感相配的铁兰属植物

左/以砧板为背景，挂上布袋兰。
右上/沉木搭配颜色各异的多国花。不造作的帅气沉木在室内与阳台都很适用。
下/墙面上的木质书架上，啤酒瓶边随意摆放了一朵贝可利。

方形的造型很锐气

中森很喜欢可以很好展现植物姿态的陶器或石器。

主角是植物，因此要重视呈现自然的状态。

“外表奇特珍异的植物我都很喜欢。”中森这样说。利用上下通透的客餐厅的宽敞结构，在各个角落摆放了具有高低差、立体感的装饰物。中森重视的不只是外表，而是植物的性质，还有其成长后的形态。喜好阳光的植物被放在客餐厅的窗边；喜欢阴凉的植物被放在不会被日光直射的楼梯下面。空气凤梨集中放在一处，可以一起雾化施与水分，也方便照料。中森参考了海外的室内装饰网站，追求帅气有品位的感觉。

上下通透的宽敞客餐厅。大大的落地窗边的角落也可以享受园艺乐趣。

用绿色 × 树木 × 黑色的组合展现空间的统一感

与绿色的创意一样，装潢也采用木制家具，或者以自然色调的杂货为中心，黑色作为调剂色。

特别栽培了一些成长过程让人期待的珍稀品种

用有个性的框架吸引眼球

屋里和阳台各处都装饰着中森最喜欢的蝙蝠葛。据说这种植物成长过程中会发生变化，这也是很让人期待的。

左上及左下 / 中森最近很喜欢这种植物——以矮而粗壮及浑圆的树干为特征的棒槌树属。随着它成长，不断变换放置的场所。

右 / 以白色墙壁为背景，摆放独特姿态的仙人掌和观赏植物。花架是垃圾袋支架上罩上印有字母的木箱。

阳台上也摆满了各种各样的植物。利用树木或观赏植物的枝干，悬吊着很多多肉植物和空气凤梨。

左 / 出于上制作的麻绳悬挂的篮子里放上丝苇属植物。花盆是洗菜盆。
中 / 将捡来的小树枝两边系上麻绳做成架子，把铁兰属松萝高高地悬吊起来。
右 / 枝垂叶细的植物，摇曳的姿态甚是清爽。在铁艺的球状杂货架中放入栽有丝苇属植物的花盆。在边缘处把叶子拉抻出来，使其垂吊下来。

楼梯下的角落。以喜好阴凉的植物及叶子稍大一些的观赏植物为中心的陈列，很好地利用了楼梯下的空间，是有纵深感的展示创意。

活用吊钩·
垂悬·吊挂

双层的铁艺杂货架中放入丝苇属植物，把它吊在树枝上。

把带隔断的小箱子立起来摆放，作为仿真植物的展示架。配合架子的大小，把空罐用五颜六色的喷漆重制，作为花盆。

04

配合 DIY 的花盆或花器活用装饰色差

末永沙织

不被环境左右的仿真植物大有用途

从杂货到家具、墙板，末永都喜欢自制。现在末永居住的出租房里，墙面运用了黑色和深绿色，自制的家具统一使用了原木色，具有自然且淳厚的感觉。

作为色差来装饰的是绿色水嫩的植物。想采用不受日照条件影响的装潢来搭配装修风格，所以多处采用了仿真植物。花盆或花器中使用了重制的罐子。将绿色植物运用在创意中，末永很是享受这个个性洋溢的空间创作。

竹筐演绎自然感

因为整体上浓重色彩比较多，有一些地方就会用自然素材搭配绿色轻盈的色调来调剂出清爽的感觉。

末永为了能使屋子看起来有整体感，厨房里也点缀了绿色。各种大小的空罐子重制为统一风格，很有连续感。

绿植或是被摆放或是被吊起来。屋子里配合杂货的陈列点缀了绿色，富有平衡感。

活用了黑色的小件饰品，旁边放置绿色植物，使人产生锐气的印象

左上 / 活用了黑色框架的壁画。仿真植物上缠着小装饰灯，使整个空间灵动起来，成了很吸引人的一角。
左下 / 帅气的重制罐，配合轻柔颜色的薰衣草仿真花。
右 / 贴着红墙风格壁纸的厨房操作台墙壁上，展示着巴士停留表和铁兰属植物。末永说：“可以直接装饰的铁兰属在墙面装饰中是非常实用的。”

不挑季节，令人爱不释手的干花

在以黑色为主的用厚重色调统一的空间里，干花很恰当地增添了可爱的感觉。

左和右 / 孩子活动空间的墙壁上贴上了较宽的固定胶布，做成黑板风背景。为了不妨碍孩子的活动，仿真植物都被放在了高处的架子上或是被垂吊起来，很有韵律。

放着手工制作的小桌子及收纳架的儿童房。绳结的悬吊上装饰着在宽口杯中种植的盆栽。

05

活用黑色的重制杂货使绿色更加显眼

辻美和

帅气的手工杂货 像店面那样陈列

用印纸来简单改变外观

涂黑的瓶子上贴上英文字母印纸。

和室的拉门上贴上了混凝土风格的印有英文字母的壁纸。用有高度的观叶植物或是小巧的绿色植物点缀其中。

辻正在自己重新装修房子。在活用了黑色和英文字母的空间里，用绿色增添水嫩的感觉。

辻善于把百元店的杂货重制成花盆或是钥匙扣。瓶子或花盆，饮料瓶或宽口水杯等，都被打造成多彩小物件，令屋子更添光彩。一方面，架子或窗边摆放了同样设计的容器，呈现统一感，像店面那样陈列。另一方面，为了不显得单调，放置一些较高的观叶植物，垂吊一些绿色植物，来增加变化，实现整个空间的平衡。

用金属装饰的环扣营造工业氛围

在木板上贴上英文字母，制作一个挂在墙上的空气凤梨的环扣。环的部分利用了地板缓冲材料的边角料。

复古感的涂漆是决定性因素

涂漆时，黑色上面薄薄的涂上一层白色，达到“做旧”的效果。

轻易打造出培养皿风格

在印有英文字母的饮料瓶中放入干花或染色过的干花团，简简单单就可以装饰起来。

真假混合 装饰墙面

过的工作间。墙面上架上如葡萄架般的木架，木架上缠绕着仿真植物。

右 / 架起的蓝色壁板，装饰着有植物的卧室。重制的宽口杯、小花盆中放入绿色植物，和谐地搭配起来。左 / 仿真植物是从商店买来的。

专栏1

室内栽培多肉植物的3个要点

只要学会了这些简单的照料方法，在屋里也可以把多肉植物栽培得很有精神。主要的原则只有 3 条。掌握要点，享受多肉植物的乐趣吧。

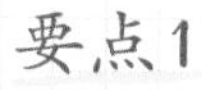

一天 4 小时以上放在阳光直接照射的地方

室内即便看起来很明亮，其实光照是不足的。一天要有 4 个小时把多肉植物放在阳光直接照射的地方。如果植株软软的，叶子都伸展开了，就是说明日照不足了。但是，如果把没怎么照射阳光的多肉植物一下子拿到阳光下的话，容易灼伤叶片，要一点点照射，让它慢慢适应。

要点 2

放在室内 3 天 拿到室外 4 天

在室内明亮的床边摆放是很理想的，但是因为多肉植物很怕闷，适当的通风也是必要的。按照“放在室内 3 天，拿到室外 4 天”这样的规律来通风，照射日光。这种时候，可以几株交换，轮流装饰室内。

要点 3

一个月浇一次水 盆底不溢水为宜

室内栽培时，浇水时要看土的干湿程度，一个月浇水一次就可以了。但是，每次浇水的量要控制。根据品种，其成长形式也有不同，在最开始就要了解这些特征是很重要的。

比较适合室内的多肉植物

对在室内养育绿植不太有信心的人来说，可以选择一些能够忍受日照不足的品种，如十二卷属、大戟属、仙人掌、龙舌兰等。

十二卷属

龙舌兰

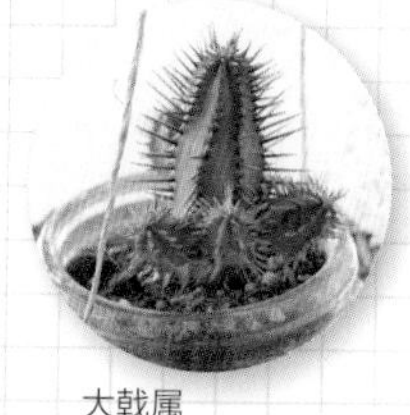

大戟属

能更好地映衬创意的杂货选择

关注那些像杂货般陈列的多肉植物和空气凤梨，集结各种吸引人的组合，或是有主题的创意。

享受多种色彩与素材的组合

関戸奈央

1 空罐子的质感搭配黑色，使植物更具水嫩的感觉

用来丛植的器皿是重制的空罐子。黑板涂料的浓厚感觉凸显了植物的水嫩。

2 用怀旧感的迷你轿车来演绎，添加了仿真植物的可爱

怀旧的红色迷你轿车被运用在富有童心的创意中。迷你轿车作为花盆，种植了多肉植物，还加上一些仿真的空气凤梨。

3 特意不去统一花盆及植物种类，营造多彩的悬吊角

用空罐子或是彩色的花盆配合各种类型的多肉植物，把它们一起放在铁丝篮子里悬吊起来，营造一个现代感的氛围。

4 很有情调的推车里，放入动物的小模型或是盘子等

推车里铺上麻质布料，丛植各种多肉植物，再摆上数字牌子、动物的小模型，做成一个有故事的小角落。

5 把蝴蝶结的带子或是边角余料垂下来，增添动感

加入了一些丛植的仿真多肉植物。剪成带子的布条或是麻质布料，随意地垂下，制造一种动感的氛围。

6 放入一个引人注目的杂货，在长椅上制造出欢快的创意

长椅上的创意一角。多肉植物的花盆里，摆一个放入冷水壶和旧盘子的篮子，制造出一个令人印象深刻的场景。

7 用各种植物搭配印字的麻质布料，创造出一个五彩缤纷的搭配

丛植色彩及形式不同的各种植物。在器皿中铺上彩色印字的麻质布料，形成一个缤纷的角落。

1

2

3

4
RRC-TEX 46-47

5
6
DEAD
STOP
END
7

1
Gardening
just another day at the plant
thanks 4 the happy hours,
for being special
Blossom
from a bud to a lovely
friendship has grow beautiful
with time · · · a friend like
an angel, is like fragram flower in
the garden of
Life
gr8 GARDEN
2
gr8 GARDEN
Blossomland
3
VINITREN GREEN
LOT NO.: 50/201
GROSS WEIGHT :
NET WEIGHT : 10
DRUM NO.: 1 TO
MADE IN INDIA
4
5
6

灵感 2

用空气凤梨来演绎令人印象深刻的墙面

金庭衣里

1 相框边缘用空气凤梨装饰

黑白色的商标设计的相框，配以哈里斯铁兰为主的各种姿态的空气凤梨，吸引人的一角就完成了。

2 沽用古董风的标签的瓶罐

在瓶罐上贴上加工成古董风格的标签，装饰成很有感觉的花盆或花器。同时，也选择了符合各种风格的植物品种。

3 独特的器皿使花草的颜色更艳丽

整体用深色统一的阳台。花朵柔美的地中海绵枣，在器皿的衬托下显得更加艳丽。

4 手写的文字增加了优雅感

种植了龙舌兰绿薄纱的黑色花盆上写有优美的英文字母，独创感大增。

5 与放置花盆的椅子一起的整体造型

抗腐蚀加工的花盆中的长果栝楼，搭配伸出枝叶的龟纹木棉，纤弱的感觉与仿古的椅子很契合。

6 便签指示牌稍加润色

生锈的花盆里插上手工制作的便签指示牌。右边花盆里种植的是球根植物——海葱。

7 把大株的线叶松萝垂挂在墙面

叶片舒展张开是线叶松萝的特点。将三根细铁丝卷起来，挂在固定在墙上的樱树粗壮的枝条上。

8 大小不同的植物与花盆搭配，张弛有度

阳台的桌子周围用米色花盆装饰。摆放几盆小小的绿色植物，穿插几个高一些的植物，张弛有度。

8

灵活运用各种造型独特的旧物件

F-work

1 用造型独特的工业器械做立体装饰

将工厂里使用过的机械废品作为多肉植物花盆架。配合黑色字母的复古感花盆是朋友手工制作的。

2 用螺旋桨的红色作为点缀色

椭圆形的铁盒里放入姿态独特的半球星乙女。复古的红色螺旋桨是引人注目的物件。

3 把散落的叶子收集在一处，演绎出花坛的感觉

将路旁的一角作为散落的多肉植物叶子的插叶处。用旧打火器和水壶有韵律地装饰起来。

4 锈迹斑驳的杂货搭配叶色明艳的多肉植物

将屋内不再使用的旧物件拿到户外放置，使锈迹更深，与叶色明艳的植物构成对比。

5 把多肉植物放在旧物件中

大型浇水壶与旧式秤令人深刻印象。将种有景天属反曲景天的花盆放入生锈的篮子里，无缝装饰。

6 在各处摆放上带有字母的帅气重制花盆

令人印象深刻的字母花盆是朋友的手工制品。花盆优雅的色泽和拟石莲花属植物明亮的颜色形成对比，虽然很小却很吸引人。

7 将立式的旧烟灰缸用作花盆

玄关前摆放着仿真植物的立式烟灰缸，既不占用空间，又拥有使人容易注意的高度，很吸引人。

1
2
サクマ
ドロップス
3
4
5

用旧的厨房用品
搭配小罐增加情趣

小岛恭子

1 演绎复古的旧水壶

简简单单的旧水壶使多肉植物看起来很有复古感。因为有把手，移动置换时也很方便。

2 把圆润的多肉植物放进小便当盒

弃置的便当盒可以用来代替花盆，丛植一些叶子颜色不一样的景天属植物。旁边放着像勺子一样的小模型，使整体看起来更具关联性。

3 利用旧台秤的高低差有效地展示大小不同的盆饰

将旧台秤放在树木旁。利用它本身的造型进行丛植，低处放一些大容器，高处放一些小容器。

4 生锈的旧茶釜使植物看起来很有生气

年代久远的茶釜在庭院中是很能吸引眼球的物品。古旧的质感使生长旺盛的景天属丸叶万年草看起来更富生机。

5 各色各样的多肉植物和锈迹斑驳的便当盒的对比很有美感

便当盒中丛植着长生草属植物和胧月，复古的感觉和圆润的花姿很相配。

6 把空瓶罐集合起来使陈设更加饱满

古旧的罐子衬托出景天属剔透的样子。放在旧木箱上，突出了高度。罐子后面摆上几个空瓶子，增加了饱满感。

7 放入篮子中的小花盆更有存在感

锈迹斑斑的尼龙绳篮子给丛植的花盆和松果一个很好的展示空间。

用富有情趣的杂货制造出高低差

清水久美子

1 用烧水壶等日常用品营造一个可爱的角落

木板墙壁的一角是引人注目的字母造型。墙面上挂着铁质的置物架，作为装饰放置了代替花盆的水壶。

2 将古旧的缝纫机支架用作台面，突出了朴素空瓶的存在感

素朴的缝纫机是极易埋没在周围景物中的空瓶的支架。缝纫机支架作为台面，提高了高度，几个空罐子摆放在一起增加了饱满感。

3 简单的镀锡花盆配上古旧的篮子，更增加情趣

木质长椅非常适合作为展示的舞台。特意搭配的蓝色尼龙绳篮子，使简单的镀锡花盆看起来更有味道。

4 掉漆的滑板车演绎得恰到好处

滑板车自然剥落的红色油漆与植物搭配得恰到好处，稳重的红色使周围的绿色更加醒目。

5 利用花台的高低差演绎出韵律感

利用三段式花台制造出高低差。摆放沉木、木板及素烧的花盆，显示出朴素的氛围。

6 用旧婴儿车做台面，营造一个引人注目的角落

用旧婴儿车放置镀锡花盆。其多处锈迹更具年代感，具有很强的视觉冲击性。

7 古旧的牛奶罐与植物搭配，演绎怀旧感觉

高高的古旧牛奶罐很适合作为焦点。不仅是牛奶罐的上面，在罐口边悬挂着的水勺也填满了绿色。

3
4
5
P
6
7
43

灵感 6

控制花盆和杂货的色彩演绎优雅品位

仲侧孝子

1 利用百叶窗的窗扇部分，作为清爽绿色植物的展示架

在百叶窗扇叶间放入土壤，当作花盆。密集地种植小小的景天属植物，成为清凉的一角。

2 用雅致的色彩将容器的颜色统一

做旧色调的杂货及花盆很有平衡感地摆放着。注意不要让相邻品种植物的姿态相似。

3 如装饰艺术品那样，悬吊在墙壁上别有一番风味

把旧木箱作为框架，在放入土壤部分的前面装上网，挂在墙上。旁边的松萝凤梨被直接挂在墙壁上。

4 用有小孔的砖块做一个独特的造型

在格子砖（像蜂巢一样有小孔的砖块）里插入红色叶子的拟石莲花属植物等，选择叶子的颜色或姿态不一的多肉植物丛植。

或挂起，或悬吊，活用特色植物装饰墙面

riemaruko

1 在S形的挂钩与垂吊架子上悬挂一些枝叶下垂的植物

墙面上立格栅的时候，配合木质的部分设置了既可挂起又可悬吊的木架，更加彰显了枝叶下垂的植物的姿态。

2 搭配彩色毛线，用悬吊架演绎童心

栽种了珍珠吊兰的深色调重制罐子，和麻绳与两股毛线编成的悬吊架的色彩对比绝妙。

3 小株的空气凤梨装饰在沉木或花环上

沉木或由树枝编成的花环上，用别针固定几种铁兰属植物，一起挂在格子状的网上，很有看点。

4 花盆稍加修饰，给人帅气的印象

霸王凤梨的花盆是空咖啡罐重制的。用油漆及油彩颜料涂色，极其雅致。

1

2

3

4

DANGER

第二章

手工制作·用丛植展现个性

多肉植物与空气凤梨是用来展现个性的极好素材。活用其独特的姿态，斟酌摆放丛植，用身边的材料，巧妙地自制自己喜欢的花盆及搭配……

在这一章中，能看到充满感性的创意。

活用植物的姿态及叶子颜色的丛植装饰课

丛植个性姿态的多肉植物，搭配小巧的花盆也十分有看点。

掌握了基本的技巧，就可以享受做自己喜欢的装饰的乐趣了。

实例 1

重视“圆形”的多肉植物的丛植

要点

利用植物的高低差制造韵律感

决定了作为主角的品种后，将高一些的品种放在中央，茎叶长些的品种垂下。这样会更具动感，更有看点。

材料

- 土（培养土：赤玉土 =7 ： 3）
- 花盆 （Φ15 厘米 ×H 9 厘米）
- 石子
- 底网
- 5 种多肉植物（这里使用的是：伽蓝菜属花叶圆贝草、瓦松属子持莲华、石莲属静夜玉缀、千里光属京童子、瓦松属玄海岩莲华）

用底网把花盆底部遮住，网上铺满石子，至花盆的 1/5 高处。

想象着完成时的样子，决定植物植入的位置，摆好 5 种花苗。

混合培养土和赤玉土（7 ： 3）后放入。如果是长形花盆，按5 ： 5的比例放入。

轻揉根部，把植物分成两半，将想用的那一部分沿着根部左右分开。

从正面看，从最里面的花苗开始植入。

放好花苗以后，轻轻地用土掩好。如果土不够，一点点添加。

把两份京童子中的一份垂挂下来放在最前面，以保证静夜玉缀在最高点。

植物都植入后，检查一下是不是形成了一个圆形。

检查从正面看起来的状态。把朝背面垂下的枝叶摆到正面，使整个丛植有种轻盈可爱的感觉。

传授者：黑田健太郎　http://members3.jcom.home.ne.jp/flora

实例 2

用小杂货与小型多肉植物做小巧的装饰

要点

活用有黏性的培养土

有黏着成分的培养土有固定力，在用手边的杂货做装饰的丛植中有很大用处。
照料时用喷雾器喷湿就可以。

材料

- 有黏着成分的培养土
- 椰壳纤维
- 多肉植物：这里使用的是景天属（虹之玉、逆弁庆草、春萌、新玉缀）、胧月（姬胧月、秋丽）

在容器中放入培养土，慢慢倒入水，直至黏稠，用勺子搅拌 5 ~ 10 分钟。

把培养土放在铲子上，不让空气进入，拍平土壤，厚度大概 1.5 厘米。

用镊子把多肉植物根上的土弄掉，从内侧开始放置。

茎叶长的植物放在里面，短的放在前面。如果根部露出就加一些土，把根部埋住。

边调整边把多肉植物都种植进去。

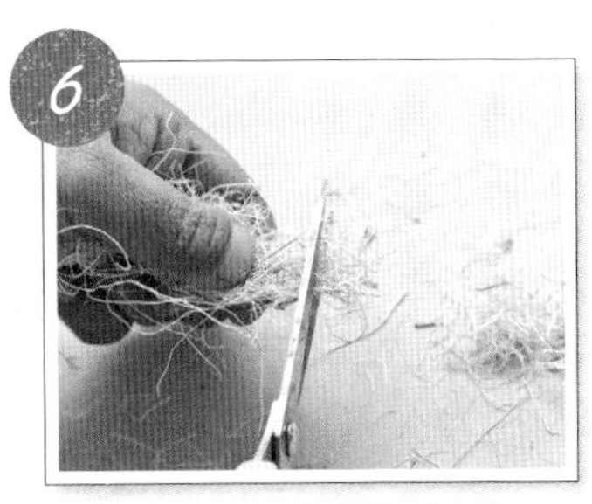

用剪子剪下 1 厘米左右的椰壳纤维。

用镊子夹住椰壳纤维，把土壤遮盖上。多肉植物的根部也要好好盖住。

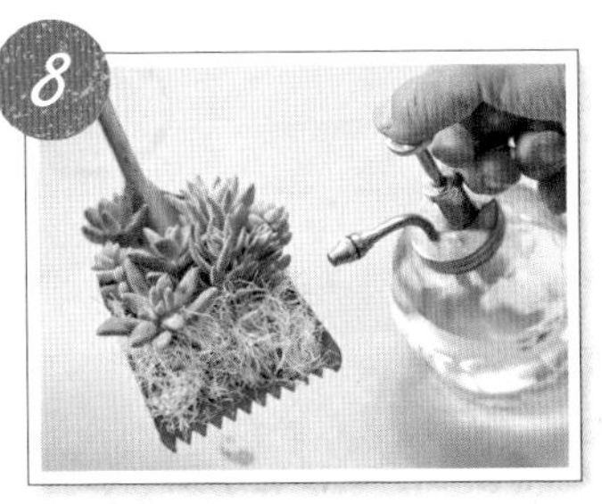

用喷雾器把表面喷湿。注意，如果水多的话培养土的黏着力会减弱。

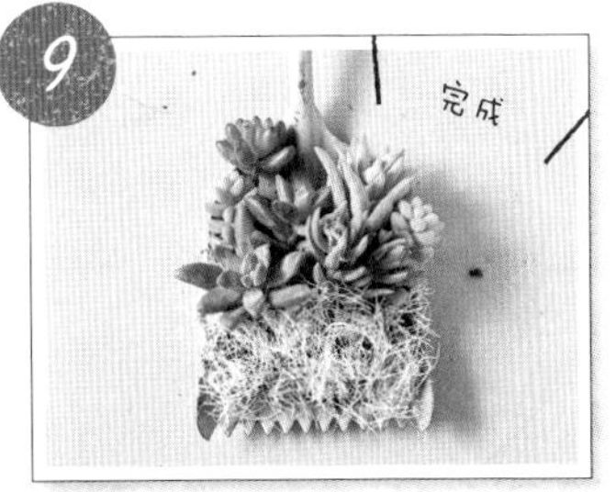

等培养土完全固定，大约等待两天就完成了。或挂起，或悬吊，放在喜欢的地方吧。

传授者：cankichi 工房 Http://cankichi.jp/

实例 3

用彩色的布条
和空气凤梨
自制作品

要点

变换布料和植物，享受装饰的乐趣

松萝铁兰是很有动感的空气凤梨，几乎不用浇水。是很推荐用在墙面的装饰。
根据自己的喜好，尽情享受这种自由自在的装饰吧。

材料

- 松萝铁兰（1束）
- 翅膀部分用的布条（25厘米×25厘米左右，1块）
- 身体部分用的布条（5厘米×40厘米左右，1块）
- 触角用的布条（1厘米×30厘米左右，2块）
- 触角用的铁丝（20厘米左右，稍粗一些，2根）
- 双面胶
- 连接用的铁丝（30厘米左右，稍细一些，1根）

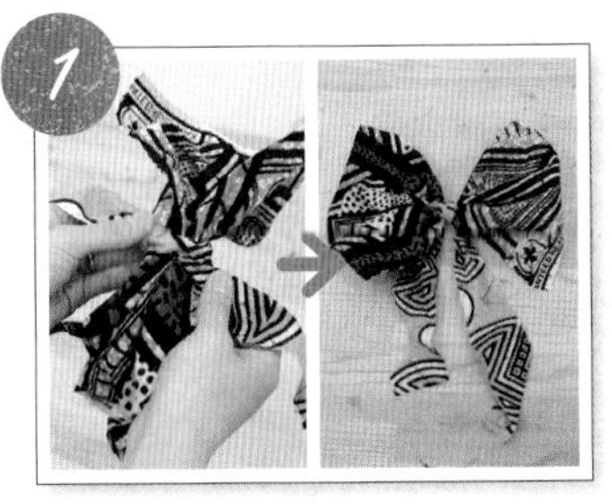

把翅膀部分用的布条从中心掐住，打褶，打褶的地方用身体部分用的布条打结1次，做成右图那样。

如图，把触角用的铁丝用双面胶缠上。

在2的上面缠上蝴蝶触角用的布条。先把铁丝的一头用布缠起来，会比较容易做得漂亮。如此完成2根。

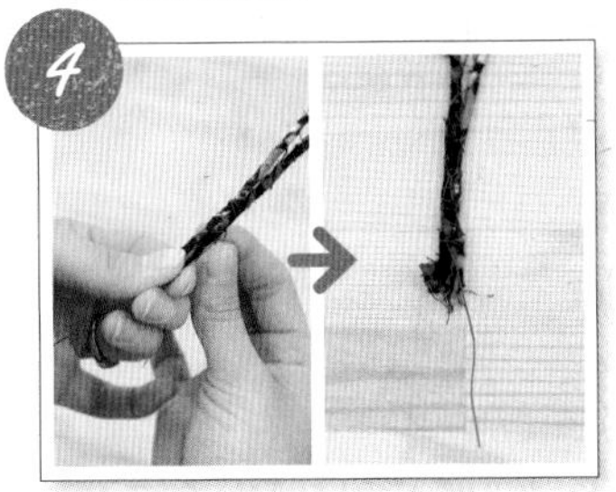

把3用手弄弯，做出触角的角度。把两根的端头握在一起，用长10厘米左右的连接用的铁丝缠在下端固定。铁丝的前端预留出5厘米左右。

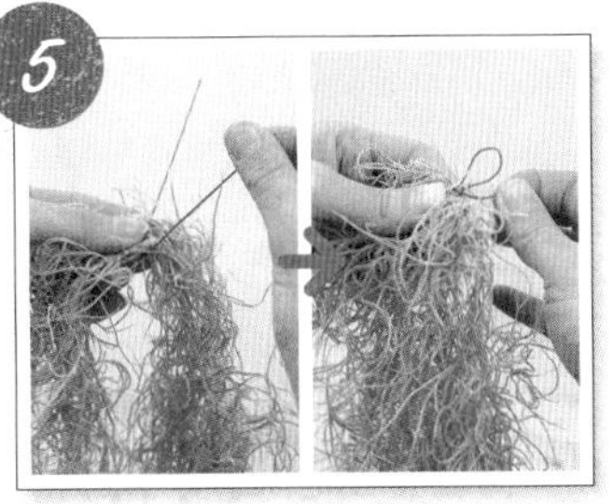

在松萝铁兰长度的一半左右的地方，用长10厘米左右的铁丝夹住。如图，铁丝的一边做成圆圈，另一边把圆圈根部缠绕固定，做成挂吊用的挂钩。

用4预留出的5厘米铁丝，在5的松萝铁兰与铁丝的连接部分处缠绕，把触角和5固定。

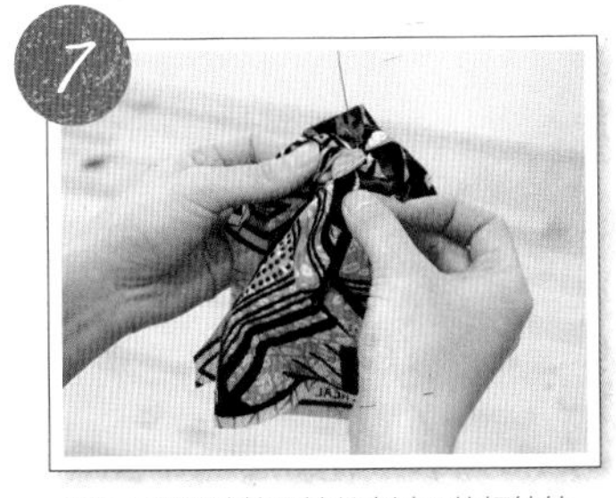

用5厘米的连接用铁丝穿过1的打结处。

用穿过7的铁丝缠绕6的触角下部，完成合体。将5做的挂钩放在翅膀的背面。

去掉多余的铁丝，缠好端头处，就完成了。

传授者：cuicui Http://cuicui-works.com

手工艺品与丛植的创意

添加一点小创意或是稍微加工一下，就可以让多肉植物看起来更漂亮。在这里，向大家介绍用手工制作的花盆或杂货的装饰，以及活用植物的个性丛植的优秀案例。

像小屋一样的木箱，用生锈的扳手增添感觉，手工制作多肉植物的“家”。

锈迹和剥落的涂漆使手工制作的花盆看起来似乎年代久远

riemaruko

格栅上装上木箱或是木板，摆设手工制作的花盆。虽然是有限的空间，却也展示得很到位。

左 / 用断掉的木头制作的悬吊的创意。铺上麻布使丛植的土不会被看到，并用铁丝网固定住。用铁丝固定的扳手演绎出了帅气的感觉。
右上 / 涂上磨砂漆的午餐肉罐。贴上有商标和装饰钉的标签更有感觉。
右下 / 跟午餐肉罐一样，咖啡罐也涂了几层油漆，是很有质感的重制。

门扇到玄关的墙面上的装饰角，都是复古的主题。

用旧木箱或是重制的罐子演绎充满个性的复古花园

如经历了漫长岁月的 riemaruko 的非常有品位的花园。她做园艺仅 4 年，用复古感的木箱或是重制的空罐等手工制作的花盆，营造出一种年代久远的氛围。她一边听取做设计的丈夫的建议，一边想着“如何能让多肉植物看起来更有魅力”，不停地尝试。用磨砂漆或是生锈的工具，或是在空罐上贴上商标或装饰钉装饰。这些独具创意的多姿多彩的花盆使多肉植物看起来更加水嫩。

复古感的手工
悬吊架是点缀

在表面喷上油漆，制造出年代久远的感觉。用大钉子做点缀。

用多余的材料做成的花架。前面盖上一个印章，在旁边特意做一个生锈的金属装饰，营造复古感。

玄关前的摆设。花盆架上半部分放上手工做的花盒，下半部分摆放的是重制花盆。

制作方法

爱好多肉植物的朋友都评价 riemaruko 手工制作的木箱“使丛植特别帅气”，名字是“魔法花架”。下面请她教给我们制作方法。

1

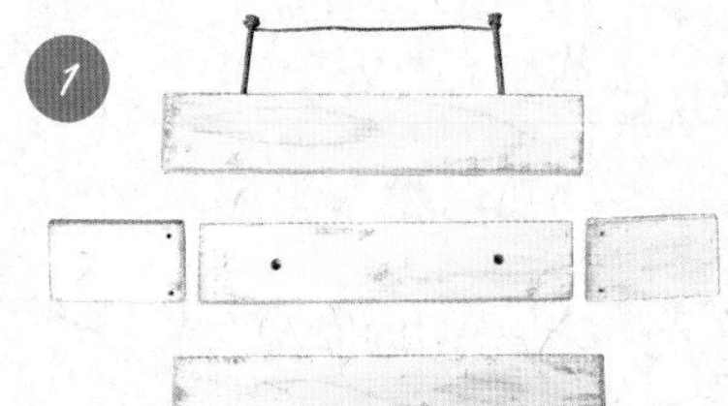

- 底板 W22×D1.5×H4 厘米
- 侧板 1 W25×D1.5×H4 厘米，2 个
- 侧板 2 W4×D1.5×H8 厘米，2 个

所有的部件都涂上白漆，然后在上面用棕色的油彩画具进行做旧加工。把 2 根钉子（如图）用铁丝缠上，安装在侧板 1 的一边。

2

把侧板 1 和底板用钉子固定住。用电钻会方便一些。

3

作为点缀，用钉子固定上亚铅板作为装饰。

4

在正面的木板上盖上印章（推荐用油性墨水）。

丛植使用的又高又长的容器是涂漆的罐子。不均匀的涂漆更有感觉。

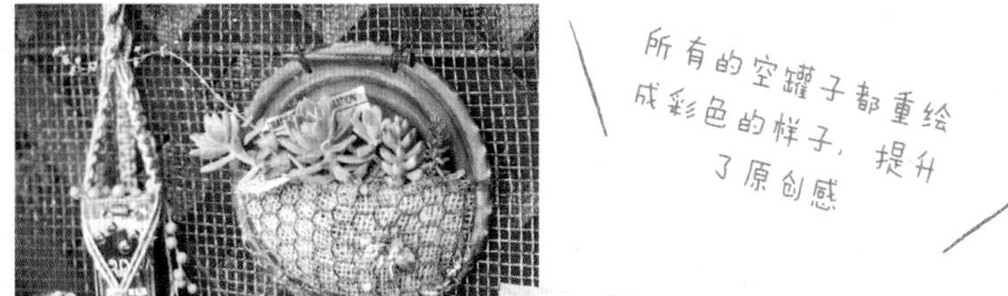

在大罐子的盖子上安装铁丝网，便可以丛植了。

所有的空罐子都重绘成彩色的样子，提升了原创感

像背包一样的花盆是将啤酒罐压扁做成的。贴上商标，并挂上悬吊用的链子。

把金属罐的侧面开出一个口，做成独特的花盆

将废弃的金属罐用作花盆。将其侧面开出一个口，就可以丛植了。

葡萄酒瓶塞和小型植物的装饰搭配

将葡萄酒瓶塞从侧面开口就可以使其变身为花盆！这会让小型丛植看起来很可爱。

用葡萄酒瓶塞做的创意。放入多肉植物，再用铁丝串联起来，吊挂上。

卖杂货的小屋前面的空间被做成了以复古感为主题的展示区。运用了塑料模具、空罐。

选择了新风轮菜、地锦这种很有生气的植物，将其放在白色的大珐琅容器里，很水嫩的感觉。

将厨房杂货或彩色罐用作花盆更耐看

铃木说：“思考让本来是其他用途的东西和植物如何搭配在一起很有意思。”

铃木改造了自家房前面对着马路的一块小空间，作为绿色植物的创意展示场所。被铃木用作花盆的是彩色空罐及点心的模具、漏勺之类，各种各样。利用各种物件的特点，与多彩的多肉植物打造出可爱的丛植。而且，不同场所还有复古、厨房等主题，使有限的空间十分耐看。

玄关旁的小屋用来卖花园杂货。篮子、镀锡、容器等，能用作丛植的杂货特别多。

面对马路的展示空间。植物和杂货店——“BOSTON”。

大小不同的丛植有不同的主题，摆放得恰到好处

铃木由利子

将叶子上有像花边一样褶皱的拟石莲花属高砂之翁置于丛植的中心，将旧珐琅水漏用作花盆。

像食材一样，绿植被种植在厨房用具里

用模具丛植，像食材一样

用旧蛋糕模具做花盆的丛植。以软软的白色绒毛覆盖的长生草属卷绢为主角，稍呈红色的青锁龙属作为点缀，非常可爱。

在以厨房为主题的空间里，汤勺作为花盆被活用，其中种植了拟石莲花属特玉莲。

在有些生锈的颇有情趣的汤锅中，栽种叶子发白的瓦松属子持莲华。从侧面探出的枝叶很是惹人怜爱。

在旧杯形蛋糕模具里连盆一起放入小巧的丛植。

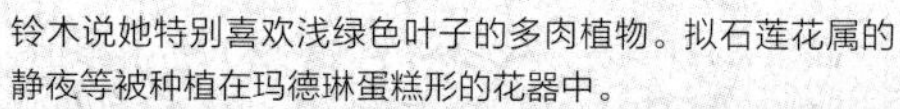

铃木说她特别喜欢浅绿色叶子的多肉植物。拟石莲花属的静夜等被种植在玛德琳蛋糕形的花器中。

小花环搭配用铁丝网做成的丛植花盆。为了悬吊，安装上细铁丝。

收集插穗
用作小装饰

几分钟就可以做好的悬吊植物

在花盘上适当缠上铁丝的简单造型，悬吊小型的瓦松属子持莲华等。

被用作花盆的杂货
和多肉植物的
色彩搭配

青绿色的罐子使多姿多彩的多肉植物更加艳丽

以高贵的胭脂色的长生草属植物为主角的丛植，蓝色的罐子更加凸显了水嫩的感觉。

长生草属皇家红宝石搭配复古的空罐，再添上姿态优美的下垂枝叶的珍珠吊兰，使整个创意具有动感。

将很有存在感的拟石莲花属植物及青锁龙属筒页花月等叶子颜色和形状都不相同的植物搭配起来，构成很热闹的丛植。

夸张的色彩
像玩具箱般丰富的
多肉植物装饰创意

川端元子

西侧的院子中，厚重的红色和灰色陈旧感的栏栅、彩色的重制罐子和木框很吸引人。

左/长条形的铁质容器里丛植了虹之玉、黄丽等。
右上/绿色罐子背后摆放了同色的牌子，很有整体感。与用罐子做的花盆大小搭配，栽满各种植物。
右下/红色涂漆的贴了古旧商标的空罐里，种植了仙人掌和青锁龙属神刀。

用生锈的材料加工做旧

运用手工的杂货和各种颜色是川端的创意。西侧和南侧的两处阳台上，使用了跟多肉植物很相配的物件，每件都有不同的感觉。

西侧由青色、红色、黄色等明亮的颜色构成，摆放了古旧质感的栏栅和彩色重制罐，玩具和数字牌增添了喧闹的感觉。南侧则放置了手工制作的架子和盒子，做旧的花盆和铝罐中种植了多肉植物。

充满创意的杂货使这些多肉植物看起来更具魅力。

在手工制作的空调室外机罩外套上拱门，使之一体化。做一个放多肉植物的架子。架子上摆放的花盆是在赤陶土花盆上涂漆重制的。

很有冲击力的蓝色涂漆打造引人注目的一角

用木材的边角料做的蓝色盒子，配合生锈的锌板，装饰旧玩具。满满的童心。

让多肉植物显得更加漂亮的背景和花盆

淡蓝色的百叶窗上，挂上镶入生锈镀锡板的木框，彩色的花盆很是显眼。

木盒的背面镶入了镀锡板，突显复古感。架子上各种各样花盆中种植的多肉植物摆放得恰到好处。

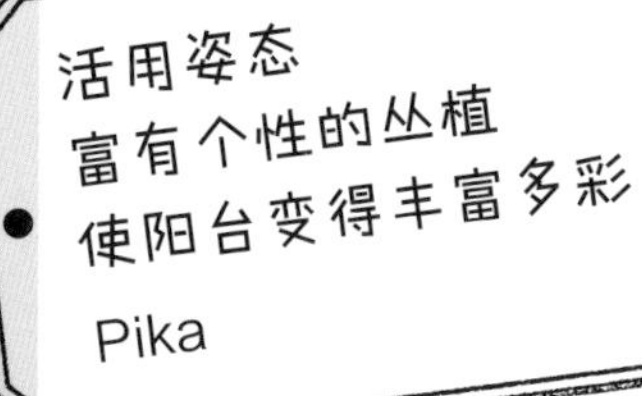

右侧是仙人掌和十二卷属植物的丛植，左侧是生石花属。容器都是手工重制的。生石花属植物的花盆上外缠绕了铁艺，更有原创感。

左 / 竖放的木箱和自己制作的铁艺栏栅，很有效地利用了墙面。
右 / 青锁龙属舞乙女姿态奇特，台座是用石粉黏土手工制作的。

生锈的容器搭配个性品种很有感觉的外观

左 / 独特外表的生石花属植物，可爱的姿态备受人怜爱，可单独种植。
右上 / 仙人掌、十二卷属、鲨鱼掌属植物在古旧的点心模具里，成为很充盈的丛植。
右下 / 做旧的生锈容器中放入舞乙女。绿叶中泛红的样子与容器的色调很相配。

左 / 铝质容器里丛植了多种多样的多肉植物，点缀着粉色花朵的长生草属植物。
中 / 深紫色的拟石莲花属和千里光属珍珠吊兰连花盆一起放进了自制的小推车里，像丛植在其中一样。空隙用椰壳纤维填满。
右 / 旧工具箱里丛植了大型植物，像花开一样，演绎了华丽的氛围。

巧妙使用别致的杂货
创造小空间看点

在 Pika 家阳台上有限的空间里，多肉植物及仙人掌的丛植点缀得恰到好处，既没有压迫感，又有看点。每一个丛植都很紧凑，引入了富有个性的品种，运用吸引人的容器或重制花瓶，增添了情趣。

Pika 喜欢用仙人掌或看起来很奇怪的多肉植物组合的个性丛植。配合与植物很搭的复古杂货、手工制作的铁艺、重制的花盆等，别致又时尚。

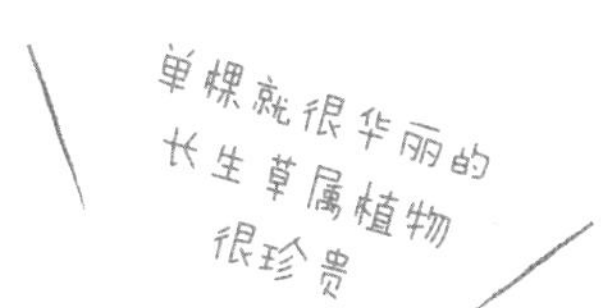

左 / 像花一样的长生草属植物被放入涂了别致色调的花盆中。这是强调对比的一盆。
右 / 旧秤上放入一盆长生草属植物，旁边放了些核桃，增添了自然感。

Creator's Arrange

杂货 × 绿色

著名造型师的帅气时尚创意

只要选取一个就马上能让整体增加时尚感的丛植与花园杂货。从这些原创作品中，寻找手工制作的灵感吧。

GREEN BUCKER

以“治愈”为主题，主要创作玻璃花园的店铺“GREEN BUCKER”。考虑到装饰的情景、使用者的生活习惯而打造出的丛植，由植物、皮革、边角料、天然石等为创作对象，十分独特。以古典插花手法为基础，打造一个个容器中的绿色小宇宙。

左 / 用店铺的第一个字母“G”做的模具造型。白沙与空气凤梨的搭配很清爽。
右 / 把皮革的边角用细针别上，作为标签。

仙人掌搭配多肉植物

丛植了仙人掌等多肉植物的玻璃花园。玻璃容器有一些令人怀念的感觉。作为点缀的天然紫水晶在有光照的时候更有存在感。

皮革和牛仔布围绕的重制花盆

用胎牛皮或是牛皮等各种皮革，或是牛仔裤的边角料把花盆裹围起来重制。一个也好，几个一起摆放也好，都很时尚，且与仙人掌或块根植物等个性品种很搭配。稍有些发旧的灰、蓝色，营造一种冷酷帅气的感觉。

悬吊木质重制罐

切成两半的空罐、旧木材和小红砖组合的悬吊作品。生锈的锁链更提升复古感。恰到好处的搭配，使垂下的多肉植物和迷你仙人掌形成了高低差。

英文字母标签牌

瓷质标签牌与丛植很搭，怀旧的用色和斑驳的字母更有复古感。

木箱搭配多肉与仙人掌

在复古涂漆的木箱中，种植了各种不同姿态的迷你仙人掌。用废弃的电子机器部件等小部件作点缀是“PUKU PUKU”的特色。

PUKU PUKU

“PUKU PUKU”在每一个花盆中都着重体现故事性。复古感的丛植有着自己的特点：放在像小屋一样的木箱中的迷你仙人掌丛植系列、油漆的质感、点缀的附属部件都很讲究的重制罐及花盆、标签等，打造出各种各样多彩的原创作品。

帅气的重制罐丛植

在涂有别致颜色的空罐上用做旧加工的标签及金属环装饰。丛植了独特姿态的仙人掌，以动物模型作为点缀，是个充满童心的作品。

蚂蚁形木棍与核桃蘑菇标签牌

左及中 / 核桃壳中嵌入了黏土做的蘑菇形的独特标签牌。可爱又让人欲罢不能的设计，是每次发售时都是抢购一空的人气作品。
右 / 如正在搬运砂糖的蚂蚁一样的仿真木棍，放在花盆中就是一个看点。

WIRE style (Pika)

用天生的灵巧之手，利用铁丝、黏土、木材等，把各种素材杂货翻新。这样的手工艺品搭配生长状态良好的多肉植物而打造出美丽丛植。丛植里点缀的讲究真实感的装饰品也是很值得关注的。

悬吊铁丝的迷你丛植

罩上了很有现代感的黄色喷漆的铁丝花盆的小型丛植。颜色不同的多肉植物被恰到好处地组合在一起。

铁丝搭配重制罐

把空罐子一分为二，加上铁丝以便悬吊。罐子里种植简单的仙人掌类植物，是比较受男士喜爱的作品。

第三章

充满绿色的庭院

以绿色为主的庭院，有很独特的存在感。
不只是小巧的多肉植物，
茂密的树木、藤蔓植物、彩叶植物等，
都被恰到好处地搭配起来，
仿佛时而置身都会，时而身处乡村。
从那里，可以感知治愈空间的新定义。

RRC-TEX 46-47
Plein de
bonheur de tous
les jours
1827
8
huit

演绎令人印象深刻的角落

看点颇多的绿色花园

这里介绍了建筑物入口、花园里各处都有看点的 4 家院落，中心焦点的创作方法很值得关注。

活用小庭院的白色墙壁，大型植物的种植搭配，花盆摆放得恰到好处。

左上 / 生锈的空罐里栽入姿态各不相同的多肉植物。
左下 / 加拿大唐棣树下种植了茂密的朝鲜蓟，形成颇有看点的丛植。墙面上的多肉植物叶影斑驳，营造出郁郁葱葱的景象。
右 / 雅致的小屋周围摆放种植了多肉植物的大大小小的花盆。优雅的黑色与灰色、生锈的花盆在白色背景下很显眼。

把旧物件组合起来，做成多肉植物展示角

B

左 / 脚踏缝纫机的踏板上放上木箱，变成了时尚的架子。从木箱中向外垂下的千里光属紫弦月闪亮晶莹。

右 / 用胡桃旧木做的隔板被用作玄关和木质露台的隔断，也被用作多肉植物的展示架。

案例 1

使多肉植物及空气凤梨更有魅力的简练复古花园

西山晶代

前院

布置成木质露台的现代感小屋和生锈的铁门给人帅气的印象，使多肉植物和空气凤梨更耐人寻味。

锈迹斑斑的材料及古旧的杂货跟院子里的绿色非常协调

由于在美国生活时被复古风格吸引，因此装修自己家的时候，在庭院中实现了这种向往。那不是开满鲜花的庭院，而是可以欣赏绿叶的绿色花园。把旧木材及生锈的材料放在多处，可演绎出古朽的感觉。杂货也是选择了男性比较喜欢的铁质品，做出很帅气的造型。在这样的空间里，又放置了大小不一的各种各样的多肉植物和空气凤梨。个性的叶子与庭院非常协调，使得庭院更有情趣。

用别致的植物、物件、花盆把墙面装饰得丰富多彩

C 与旧木材很搭的干性质感植物

很有质感的洗手池设置在木质露台上。用铁质品及沉木和霸王凤梨、莲花掌属黑法师等植物一起装饰起来，使得在庭院里工作也是种享受。

D

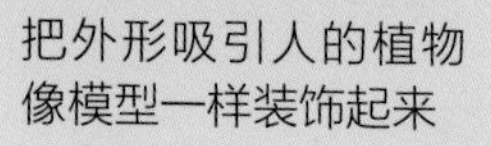

把外形吸引人的植物像模型一样装饰起来

左 / 直线型叶子放射般伸展，姿态优美的丝兰是西山很喜欢的植物。

右 / 镀锡的花盆里种植了多肉植物的丛植。莲花掌属黑法师已经长得很大，形成了独特的姿态。优雅的古铜色叶子成了这一情境的调色剂。

木质屏板

木质露台的屏板。墙壁上的挂架和椅子、长椅，很有韵律地摆放在一起，形成了一个立体展示区。

入口

入口到玄关的小路上，铺着略带灰色的石砖。厚重感的石砖使得枝叶摇曳的倒影显得更加婀娜多姿。

E

复古物件演绎野外的感觉

左 / 大门内侧放置的铁桶中种植了风车草属胧月。茂盛的姿态很有气势。

右 / 把多肉植物丛植在生锈的罐子中。烟熏色调的风车草属植物与罐子的褐色搭配得相得益彰。

F

冰冷的感觉使多肉植物更显帅气

左 / 钢筋混凝土铺设的停车场角落里放置了盆栽。看似冰冷的空间里，摆设了多肉植物及朱蕉属植物，给人清爽的感觉。

右 / 生锈的铁质架子是丛植或是直接栽入土壤之前多肉植物暂时被存放的地方。

案例 2

构造物和多彩盆栽构成的小巧绿色展示台

岛田文代

配合树木和树下的草放置多肉植物

岛田家的庭院给人印象最深的是叶影婆娑下透进的斑驳阳光。她真正做园艺是从 4 年前开始的，慢慢把庭院装饰起来。

最开始她得到亲人的帮助，自制了木质露台和藤架。根据树木长大后的大小及树荫，选择栽种的位置，并在周围摆放古董等杂货，同时装饰多肉植物。以绿色和木头颜色为基调的空间与朴素的多肉植物很搭。庭院整体使用的杂货的颜色及统一的色调营造出落落大方的感觉。

有效活用柱子周围
手工制作的多肉植物摆放架

棚子侧面安上了手工制作的多肉植物专用架。使用同样设计的白色容器看起来很清爽。

木质露台

以 DIY 的藤架和木质露台为背景，绿色满园的庭院。家具及杂货用颜色统一，突出整体感。

B

以“书房”为主题，赏玩多肉与杂货

左上 / 破旧感的花盆搭配明亮的黄绿色景天属植物。
左中 / 花状的拟石莲花属与莲花掌属的丛植。
左下 / 地球仪和双反相机等个性的装饰物被放置在一起，成为吸引眼球的一角。
右 / 为了能遮盖住柱子，在周围安装了木质书架。桌子旁边以书斋风为主题，老式的打火机、相机等和多肉植物被放置在一起。

C 集中了冷淡的灰色、蓝色系的杂货

左 / 蓝灰色的木质蜂巢被放在多肉植物旁边，演绎出田园风。
右 / 涂上雅致的灰色的赤陶土花盆中丛植了多肉植物。同色系的花盆叠置起来，给人深刻印象。

D 提升整体氛围不可或缺的草丛种植及装饰

左上 / 花坛和枕木的空隙间可以看到万年草。周围相间风铃草和黄水枝属植物，看起来十分自然。
左下 / 小路上种植着羽叶薰衣草，为雅致的庭院增添了色彩。
右 / 从门一直延伸到深处小屋的草丛中，放置的锈迹斑驳的牛奶罐成为吸引眼球的一角。

环绕着玫瑰的拱门和被水嫩的青草点缀的小路，使得庭院很有纵深感。

Lane

延伸向摆有木架的木质露台深处的小路一角。茂密的树木酝酿出森林感。

茂密的植物和旧杂货交织的郁郁葱葱的庭院

以“厨房”为主题设置的带屋檐的长椅

左 / 小路的尽头设置的带屋檐的长椅。周围种植着高高的树木，演绎出葱郁感。
右上 / 主要以杂货装饰的空间，DIY 的带屋檐的长椅上摆放了很多可爱的厨房杂货。
右下 / 复古的磨具被用作花盆，其中种植了鲜艳颜色的长生草属植物。

A

颇具情趣的工棚周围是杂货与植物的绝好舞台

左 / 有着恰到好处的锈迹的工具箱里丛植了多肉植物，形成脚下的重点。
中 / 常春藤爬满花园工棚门的周围。把多肉植物种植罐放入鸟笼里吊起。小巧的丛植比起有压迫感的角落更使人印象深刻。
右 / 花园工棚的正面排列摆设了木箱，来展示旧道具和丛植。以被绿色覆盖的工棚为背景的景色像画一样。

案例 3

茂密的绿色背景里，融合了旧道具与多肉植物

小岛恭子

入口至前院

从花园入口处看到的景色。围绕着花棚，郁郁葱葱的草木及由枕木铺成的小路，提升了人们对这个花园的好感度。

B

自然的花盆架使小巧的丛植更有魅力

左 / 占旧的课椅上放上了丛植了的红色工具箱。满满的绿色中红色更显眼。

右 / 生长茂盛的宿根草中放置了旧木花盆架。生锈的空罐和珐琅容器里种植了多肉植物，与一些小物件高低错落地摆放在一起。

C

废弃的农具被用作台架

废弃的农用独轮推车被涂上艳丽的黄色和蓝色，里面丛植了很多多肉植物，很吸引眼球。

连接庭院的每个角落的杂货及其展示方法

小岛的庭院里的落叶树郁郁葱葱，令人仿佛身处森林般的被绿色包围的空间。

庭院里最为可圈可点的是活用构造物和树木，以及摆放在各个角落的旧道具，使杂货更有魅力。花园工棚的周围和后院里手工制作的栏栅两处作为展示区。生锈的空罐、废弃的旧农具或工具等被放在爬满常青藤的墙面和生长旺盛的草丛间隙中，演绎出自然的感觉。

树下的盆栽及沉木都增添了色彩

后院

庭院边上设置了手工栏栅。在墙面上安装挂道具的架子。

D

左 / 桧树是后院的标志性树木。树下摆放了盆栽及沉木，使之更有看点。

右 / 涂上蓝色的小椅子作为花盆架，上面摆放了种植了多肉植物的旧碗。

以栏栅为背景，摆放复古感的丛植

左 / 栏栅上安上架子，摆放了在空罐里种植的多肉植物。并列摆放园艺用具，成为很耐人寻味的一角。

右 / 把丛植了多肉植物的罐子放在地上，与周围的沉木及种植的花草融合在一起，营造出自然的氛围。

F

旧篮子及有个性的物件被用作花盆

左／帆布鞋形的黏土小物件被用作景天属植物的丛植花器。

右上／栏栅门上悬挂由铁丝做的篮子。其中放入了丛植用的镀锡花盆、小铲子、松子，看起来很可爱。

右下／各处放置了掉漆的旧工具箱，作为花盆。工具箱的青色衬托了多肉植物的水嫩感。

具有年代感的杂货把茂密的草木映衬得更有魅力

停车场门的周围，悬吊的篮子、放置的椅子被用来装饰花盆及杂货。

停车场

庭院和停车场的分界处，设置了手工栏栅。从花园工棚直到栏栅，大车轮和杂货、盆栽恰到好处地分散摆放开来。

案例 4

用多肉植物和观叶植物在屋顶营造绿色角落

田崎京子

屋顶露台

因为公寓顶层风很大，所以设置了木质栏栅。仿古瓦片也可用来防止钢筋混凝土的反射。

A

观花植物与观叶植物组合的复古一角

以锈迹斑驳的镀锡波纹铁皮为背景的复古一角。紫红色的叶子呈现优雅的番薯、橘红色的非洲菊是明亮的点缀。

屋顶上充满绿色的小庭院

田崎住在带有露天阳台的公寓顶层。在本来是毫无生命力的阳台上，自制了蓝灰色的木质栏栅、仿古的瓦片，使之变身为到处都是看点的空间。

修建的目标是做成独门独户的庭院。墙壁上攀爬的玫瑰与观叶类植物的盆栽高低错放，堆砌的石砖使其看起来就像花坛一样。在这样的氛围中，多肉植物丛植显得更有魅力。

B

由石块、核桃壳、景天属植物铺砌成的小路

如在地面般，从客厅到庭院用核桃壳铺成的小路很独特。点缀的景天属植物看起来很艳丽。

C 用小杂货演绎童心

左 / 用装卷心菜的盒子为怕阳光照射的山野草和多肉植物遮挡阳光。搭配上镀锡等复古的物件。
右上 / 在有高低差的杂货中放置小型多肉植物更好看。白色的珐琅杂货演绎出清爽的感觉。
右中 / 与厨房用具很搭的多肉植物。生锈的大勺和空罐使绿色更是显眼。
右下 / 镀锡的立体数字存在感很强。没有特意装饰的角落为庭院整体加分。

多肉植物地栽的3个技巧

多肉植物也有可以直接在庭院中种植的品种。在这一部分中我们来介绍地面上铺的材料及花坛的装饰方法。

技巧1

种植在石头缝隙及花坛边，使脚下看起来很柔和

在庭院小路中铺设的石砖或枕木间隙里种植些多肉植物，呈现自然的氛围。

【推荐品种】景天属斑点叶万年草、墨西哥万年草、薄雪万年草等。

技巧3

株型较高的品种，把底部隐藏起来

比较高且姿态独特的品种，要把其底部隐藏起来，这样看起来更饱满。

【推荐品种】景天科植物、千里光属美空鉾。

技巧2

有特点的品种最适合装饰花坛

如果是花坛，推荐叶子质感有特点的多肉植物，很吸引眼球。

【推荐品种】拟石莲花属七福神、风车草属胧月、龙舌兰属吉祥天等。

不会失败的心得

种植在日照良好的屋檐下

多肉植物虽然喜好阳光，但是害怕闷热和霜冻，尽量放在日照良好的地方。冬季时，或是在屋檐下，要避免霜冻，要用塑料或木屑覆盖。

创造排水良好的环境

庭院的排水如果不好，多肉植物就无法健康成长。用石砖围起来，打造比地面高的花坛，施上土壤改良剂，创造一个排水良好的环境。

第四章

来种多肉植物和空气凤梨吧

多肉植物和空气凤梨的基础知识已经都掌握啦！在这一章中我们将介绍实用的进阶知识。

栽培健康的
多肉植物和空气凤梨
一定要掌握的13件事

大家总认为多肉放在那不用怎么管也可以，其实它们也有很脆弱的一面。在这里，我们介绍种植之前需要知道的一些基本特性及照料方法。掌握重点，享受养育健康植株的乐趣吧。

多肉篇　空气凤梨篇

POINT
1. 掌握容易栽培的场所

在与原产地相似的环境中栽培

大多多肉植物主要原生在南非及中南美洲等干燥地域。所以，它们不喜欢日本高温多湿的夏季。通常，在通风及日照良好、不会被雨水淋到的屋外种植是比较理想的。

室外

❶ 在日照良好的地方种植。阴凉处也可以种植，但是枝叶会徒长，姿态会被破坏，叶子的颜色也会变得不好看。

❷ 因为很怕晒，所以在屋檐下有遮蔽的通风良好的地方放置时，保证排水良好是特别重要的。

❸ 避免放在长期被雨淋的场所、水泥地面，否则叶子及根部会受伤，而这也是植株生病的原因。

室内

❶ 原则上说日照和通风是必要的，通常一天应有 4 小时以上放在有阳光的地方。

❷ 叶子的颜色变得不好看、开始徒长时，就是日照不足。在变成这样之前，时不时地拿到户外去让它们来一次日光浴吧。

❸ 通风不好的话，会有害虫，要定期开窗，让新鲜的空气进来。

❹ 空调制冷过多也是枝叶徒长等发育不良的原因，要多加注意。

POINT 2. 掌握生长周期

3 个类型的特征

多肉植物有枝叶和根部快速生长的成长期和几乎不成长的休眠期。基本的生长周期是与原生地的气候相似的春秋季是成长期，与原生地气候不同的夏冬季是休眠期。但是，品种不同，原生地的气候和环境也不同，照料方法也不同。休眠期的植株不生长，所以也不需要水分，基本不需要浇水。种植与分株等作业可以在这时进行。

春季至秋季成长类型

春季到秋季是成长期，冬季是休眠期。夏季的成长速度稍微变慢，是与“夏季成长类型”的不同之处。景天科的大半数都是这个类型。

春季至秋季成长类型的主要多肉植物

[景天科] 景天属、青锁龙属（不会变红叶的类型）、厚叶草属、银波锦属、瓦松属、风车草属、风车草属与景天属的杂交种、拟石莲花属与景天属的杂交种、长生草属、拟石莲花属

[大戟科] 大戟属

[菊科] 千里光树、厚敦菊属等

景天属

长生草属

夏季成长类型

春季到秋季是成长期，冬季是休眠期。此类型夏季也能很好地成长、开花。冬季时叶子变为红色的品种较多。

夏季成长类型的主要多肉植物

[景天科] 青锁龙属（叶会变红的品种）、伽蓝菜属、八宝属（圆扇八宝）

[百合科] 十二卷属

[萝藦科] 吊灯花属

[龙舌兰科] 龙舌兰属等

青锁龙属

十二卷属

秋季至春季成长类型

秋季到春季是成长期，夏季是休眠期。到了夏季，表皮就会干燥，变成茶色，开始枯萎而进入休眠。

秋季至春季成长类型的主要多肉植物

[景天科] 莲花掌属

[番杏科] 生石花属

生石花属

莲花掌属

POINT
3. 植株的特征

可以在室内种植的多肉植物很多。购买时要确认是不是能被很好地照料的健康植株之后再购买。多肉植物的姿态各种各样，要购买与种植环境匹配的植株。

主要姿态类型

像花朵一样的形状，向上伸展的类型

像菊花一样，从中心开始放射状般伸展开的多肉植物。茎是慢慢长高的，如拟石莲花属和长生草属等。

分枝向上长高的类型

最初很紧密的团簇在一起的植株，慢慢地，茎向上长高，不断长出分枝的类型，如景天属和青锁龙属等。

茎细长，向上长高的类型

茎不分枝，径直向上长高，下面的叶子慢慢掉落，变成细长的姿态，有独特的存在感，如莲花掌属等。

段块状重叠在一起向上长高的类型

叶子互相错开向上长高的类型，如青锁龙属等。

横向又低又宽大的类型

植株很低矮，横向长宽的类型。很结实，就算是茎断掉，大多数情况下也是可以生长的，如景天属和青锁龙属等。

长长的茎向下垂搭的类型

藤蔓多肉植物。叶子平平的或是多肉质的，藤蔓向下垂搭，如千里光属和厚敦菊属等。

带刺类型 1

与仙人掌很像，有着无数细小的刺，但是没有白色的柔软的刺座（长着台座的部分），如大戟属植物。

带刺类型 2

茎是筒形或是球形，小叶是针状或已退化。刺的长短各不相同。刺座有白色绒毛覆盖，如仙人掌。

POINT
4. 选盆

没有底孔也可以用作花盆

无论什么材质的花盆或是器皿都可以搭配多肉植物，如没有底孔的玻璃杯或是舀勺等。用身边的杂货装饰也是很有意思的，但是，这种情况要在底部铺上防止根部腐烂的防腐剂，浇水时底部不要积水。花盆和器皿的材质不同，水分蒸发的速度也不同，需要注意。

POINT
5. 选土

土的重量适当和排水力是重点

所有植物都可以用园艺用土。细腻轻薄的沙子一样的土不会使根部深植土壤，排水特别差的黏质土壤会导致根部腐烂，需要注意。要选择容易扎根、重量适当，以及排水力好的土壤。大花盆等需要的土多，排水会变得不好，需要用浮石或是盆底土来调整。

POINT
6. 浇水

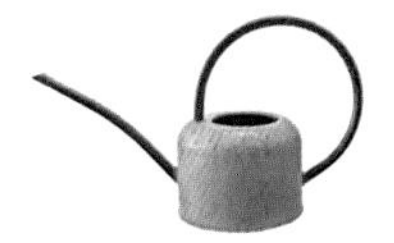

禁忌浇水过多

多肉植物耐干燥，没有必要频繁浇水。土壤已经干透之后再浇水是很重要的。

大约一个月一次，叶子背面开始有褶皱时就是该浇水的时候了。如果是室外栽培，要浇到水从底孔流出来。室内栽培时，浇到土壤一半湿润的程度。休眠期一定要控制浇水。

POINT
7. 施肥

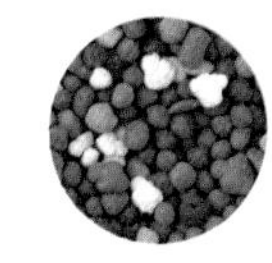

基本不需要施肥！

如果是盆栽，定期换土的话，土壤中的养分就足够了。肥料稍有不足的时候，植株的姿态也很挺拔，颜色漂亮。若种植很多植株的丛植及养分极容易缺失的植物，可以放些缓释肥。

POINT
8. 日常维护

特别注意夏季和冬季

夏季和冬季的热寒期是容易受伤的，要特别照料。

- 气温持续超过 30 摄氏度时，要把多肉植物移到凉快的地方。
- 上午照射了阳光的话，下午就要避免阳光直射。
- 要注意钢筋混凝土或是南墙前面等的反射特别强烈的地方。

- 在不会到 0 摄氏度以下的温暖地区的话，如果是耐寒的品种，室外养也是可以的。
- 确保在日照良好，不会被雨淋到，干燥的地方照料。
- 耐寒弱的品种最好还是在室内照料比较好。

POINT
9. 换盆

根部无处再伸展了，就该换盆了

如果出现像图中这样的状况，就是根部无处伸展了。在情况变得更严重之前，要提早换成大一号的花盆。换盆大约是一两年一次。若是小花盆的话，要每年换盆。

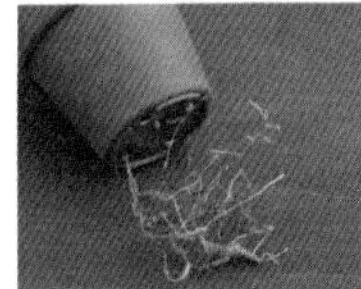

POINT 10. 繁殖&更新植株

有代表性的 3 种繁殖方法

把多肉植物的一部分茎或叶剪下来，更新或是繁殖都是种植多肉植物的乐趣之一。把伸展过多、破坏形态的枝叶或折掉的枝叶剪下来，更新植株。剪下来的枝叶可以用叶插的方法繁殖。横向延展的类型要分株。生长繁盛的春季或秋季是比较适合的时期。

叶插

用一片叶子繁殖的方法，用掉落的叶子也可以。放在干燥的土壤中，根部和新芽就会长出来，可以大量繁殖。适合景天属和拟石莲花属。

① 从茎上取下时要握住叶子根部，牢牢固定住，从叶子根部处横向移动，轻柔地取下。

② 摆放在干燥的土壤上。直到长出根部之前，不要浇水，并放在通风良好的阴凉处。1 个月左右会长出根部。根部长出来以后，换盆，把根部轻轻地植入土壤中。

插穗

使用从母株上剪下的枝叶的繁殖方法。修剪伸展过度的植株用这种方法很好，适合青锁龙属和景天属等会长高的品种。

① 把茎剪下来，拿掉下面一厘米左右的叶子。

② 干燥两三天，放入干燥的土壤中。直到根部长出来之前，在阴凉处照料，在这期间是不需要浇水的。

分株

取下从母株中生长出根部的子株的方法。如果子株过多，母株根部会生长不开，可以用分株来促进生长。适合十二卷属和龙舌兰。

① 从土壤中取出，一边剥落土壤一边把根部揉开。把子株从母株上小心地分割开来。

② 不要让分割下来的植株根部干燥，尽快植入新的土壤中，浇水。

POINT 11. 了解空气凤梨的特点

空气凤梨是在没有土壤的空气中种植的植物，它不像普通植物那样在土壤中扎根生长，而是在岩石上或是附着在其他树木上，用叶和根极有效率地吸收雨水或是空气中的微少水分而成长。原产地是北美大陆南部至南美大陆一带。从雨水极少的沙漠到日照少、湿度高的云雾林，都可见到空气凤梨。我们一般称为“空气凤梨”的是凤梨的近亲——凤梨科铁兰属，有 600 余种类。

POINT 12. 浇水

空气凤梨虽然耐干燥，但是不浇水的话也是会枯萎的。用喷雾器喷到植株整体，让它湿润，或者在容器或水池中储满水，把植株整体浸泡。但是，如果植株 2 天以上都很湿润的话会变黄，有可能会腐烂。浇水后，要放到空气流动性良好的地方，让水汽蒸发掉。春季至夏季一周浇 2 ~ 4 次，冬季一周 1 次就可以了。

POINT 13. 照料的窍门

空气凤梨有耐阴性，就算是在较暗的屋子里也可以种植。但是，为了更健康地生长，最好是让它处于与本身的生长环境类似的环境中。几乎所有空气凤梨都是附着在树木上，沐浴着阳光和风，在湿度高的环境中成长。要记得这些条件，根据季节不同，做出相应调整。

春季至秋季

最低气温在 9℃以上的时候，可以放置到不会被阳光直接照射的阳台或是屋檐下等地。夏季，最高气温超过 30℃时，尽量移到凉爽的阴凉处。

冬季

最低气温在 9℃以下的时候，就要拿到透过窗帘阳光也可以照进的室内。

冬天最冷的时候，阳光很温和，光照强度也会减弱，直射阳光也可以。放置在室内的时候，尽量放在空气流动性良好的地方。

多肉植物和空气凤梨品种简要目录

我们选择了一些比较容易入手的种类丰富的多肉植物和空气凤梨。用你自己喜欢的花盆或是杂货来享受装饰搭配它们的乐趣吧。

铭月
（景天科景天属）

平滑而细的叶子。夏季是黄绿色，春秋是有些沾染了橘色的颜色。秋季经常日照，红色会更浓郁。

新玉缀
（景天科景天属）

有层薄薄白粉的十分美丽的叶子，像葡萄一样很密集。日照不足时叶子容易掉落。

薄化妆
（景天科景天属）

叶子上有浅淡的粉色斑点，比起其他多肉植物更需要水分，需要注意。

覆轮丸叶万年草
（景天科景天属）

圆形叶子重叠而生。叶子略有白色或是粉色，给人清凉的感觉。

覆轮万年草
（景天科景天属）

冬天时，地上的部分枯萎成宿根草。叶子像竹叶一样细长，茂密群生，白色的边缘是它的特点。

虹之玉
（景天科景天属）

有些光泽的圆圆的叶子，经过日照，在冬天红色会变得很浓郁。春天会开出放射状的黄色花朵。

月美人
（景天科风车草属）

淡淡的粉色、略带白粉的圆叶，看起来温柔可人，有着高贵的感觉。长大后茎会长直。

灿烂
（景天科莲花掌属）

青青的绿色和奶油色的组合很是美丽。如果干燥，叶边缘会出现红色。夏季会开出淡淡的奶白色花。

黑法师
（景天科莲花掌属）

在细长伸展的茎的前面展开的黑色叶子很有个性。下部的叶子落下，茎向着光的方向径直向上生长。

舞乙女
（景天科青锁龙属）

明亮的色泽，小巧的厚厚的叶子，几株并排生长在一起。春季成长点开始伸展花茎，开出白色的花朵。夏季很怕闷热，需要留心。

火祭
（景天科青锁龙属）

前端红色尖尖的叶子向上的姿态犹如火焰一般。气温低时会更红。秋季开白色的花朵。

星王子
（景天科青锁龙属）

灰绿色的叶子边缘带有红色，相互重叠。夏季到秋季会开白色的小花。秋季以后变成美丽的红叶。

熊童子
（景天科银波锦属）

肉质厚厚的叶子被细细的绒毛覆盖，边缘像爪子一样的突起是红色的。秋季会开出橘色花朵。

福娘
（景天科银波锦属）

带有白粉的绿叶前端有红线。需要群生养殖。春季到初夏会开深橘色的花朵。

花之司
（景天科拟石莲花属）

长长的叶子生有细细的绒毛，变冷时绿色会变成红色。下部的叶子会脱落，茎直立生长。

高砂之翁
（景天科拟石莲花属）

重叠生长的有褶皱叶子的大型植株。随着植株成长，下部的叶子会脱落。干燥时叶子会泛红色。初夏时会开粉色的花朵。

白牡丹
（景天科风车石莲属）

带有白粉的绿叶像花朵般，茎稍稍直立。前端有淡淡的红色。春季会开粉色的花朵。

姬胧月
（景天科风车石莲属）

群生茎直立，茶褐色的叶子呈花朵状。茎向上伸展时会有些凌乱地向外延展。春季时开黄色花朵。

紫武藏
（景天科伽蓝菜属）

又大又平的淡淡的黄绿色叶子中嵌有红色横纹，很优雅的样子。气温变低时，绿色部分会变成黄色。

月兔耳
（景天科伽蓝菜属）

在带有“兔”字的名字中是很有代表性的品种。青色的叶子表面有绒毛，边缘有茶色斑点。

卷绢
（景天科长生草属）

又细又白的线像蜘蛛网一样罩在植株上面，子株群生在一起。植株长大后，初夏时会开出粉色花朵。

珍珠吊兰
（菊科千里光属）

像绿色珠子一般的球形的叶子，如同项链一般连成一串。叶子上有一条透明的筋纹。春天时开白色的花朵。

多肉紫玄月
（菊科厚敦菊属）

紫红色细细的藤蔓上长着像大杏仁一样的纺锤形的叶子。气温变低时叶子的红色会更加浓厚。春季和秋季开花。

福来玉
（番杏科生石花属）

灰青色的叶子上面嵌有烙印般的棕色花纹。反复脱皮，几年后长成为群生。

寿宝殿
（百合科十二卷属）

在十二卷属中是叶子很软、绿色艳丽的一种。叶子有些许突出的角，有些突出的叶子前端很透亮。

第比利斯麒麟
（大戟科大戟属）

青色的棒状枝条从根部开始伸展出几根。枝条每隔几厘米有一个凹凸，刺相对柔软。很容易种植。

般若
（仙人掌科星球属）

表面有白色斑点。随着植株的生长，从圆形变成圆桶形，再变成圆柱形。春季到秋季会开柠檬黄色的花朵。

美杜莎女王头
（凤梨科铁兰属）

名字是希腊神话中的怪物“美杜莎”的头的意思。就像名字一样，像蛇一样弯曲的叶子形状很有特点。

鸡毛掸子
（凤梨科铁兰属）

软软的白色绒毛令人印象深刻。绒毛有摄取水分的作用。与其他铁兰相比毛要更长些，耐干燥。

树猴
（凤梨科铁兰属）

叶子的前端打弯，独特造型很有特点。春季到夏季会开出有着好闻香气的紫色花朵。

霸王凤梨
（凤梨科铁兰属）

银白色玫瑰状的形态很美丽，最大直径能达到60厘米左右。没有土可以栽培，喜好阳光和通风好的地方。

小精灵
（凤梨科铁兰属）

银白色的叶子在开花时前端会变成红色。每周用喷雾器浇水几次，放在通风好的地方。

松萝
（凤梨科铁兰属）

团簇在一起也能繁茂地生长，银绿色的叶子很漂亮。明亮通风良好的地方适宜生长。春季开绿色的花朵。

"ACID NATRUE乙庭"
传授

备受瞩目的个性植物

极有人气的店铺"ACID NATRUE乙庭"有很多个性品种，广受好评。店主太田敦雄推荐了一些为空间增色添彩的植物。

Cereus peruvianus 'Spiralis'

秘鲁天轮柱

原产于南北美洲的柱状仙人掌品种。像电钻一样扭拧向上生长。春季到秋季在户外种植也可以。冬季浇水要控制，需要放在明亮的室内。

Euphorbia tortirama

螺旋麒麟

原产于南非的块根植物的一种。螺旋状的枝条和前端的刺令人印象深刻。建议一年中都要放在日照通风良好的地方照料。夏季直射阳光会烤坏枝条，要适当遮光。

Rhipsalis ramulosa var.angustissima

红叶苇

原产于中南美洲的叶型森林性仙人掌。明亮的酒红色叶片慵懒地垂搭下来，姿态很有魅力。与生长在沙漠的仙人掌不同，其喜好水分和高湿，春季到秋季给植物整体浇水会好些。

Dyckia goehringii

硬叶凤梨哥林吉

原产于中南美洲的凤梨的稀有品种。外侧向外翻出的黑褐色叶子中有一层薄薄的银白色的粉，有着金属般的造型美。耐高温高湿，在一定程度上耐寒，比较好照料。

※ 店主所介绍的品种都是产量极少的稀有品种。

Pachypodium baronii var. windsorii

温莎瓶杆

马达加斯加的特有品种，是很稀少的根块植物。枝干整体被刺覆盖，硕大圆滚的根部令人印象深刻。色泽发亮的叶子和橘红色的花朵特别漂亮。

Alluaudia procera

亚龙木

马达加斯加干旱的森林里的特有品种。泛着白色的枝干上长满了刺，叶子的姿态很是独特。喜好炎热，春季到秋季放在户外被雨浇到也没关系。不耐寒冷，冬季要放在屋里，不要浇水，让它休眠。

象腿漆树

这种可爱的植物属于沙漠植物，非常耐旱，适宜放在通风良好或长时间有阳光的地方，避免放在潮湿的环境中。

Operculicarya pachypus

Aechmea tocantina

托卡蒂娜凤梨

中南美洲原产的附着凤梨。枝干底部粗大，中部凹陷成壶形，姿态独特。为了防止徒长，放在明亮的地方稍微遮光比较好。

Decarya madagascariensis

弯曲龙

别名又叫“锯齿之树”。带刺的茎像锯齿一样一节一节地弯曲，奇特样子很有魅力。春季会暂时长出不太显眼的小叶。种植方法和亚龙木属一样。

TRANSHIP

GREEN

Open

いなざうるす屋
ログイン
会員登録／修正
注文履歴
SHOPPING CART
現在の中身：0点
HOME
ITEM LIST
ABOUT
GUIDE
CONTACT

CHES
PEWA
ATED MILK
ERVALLEY
MILK
SNOW
SALMON

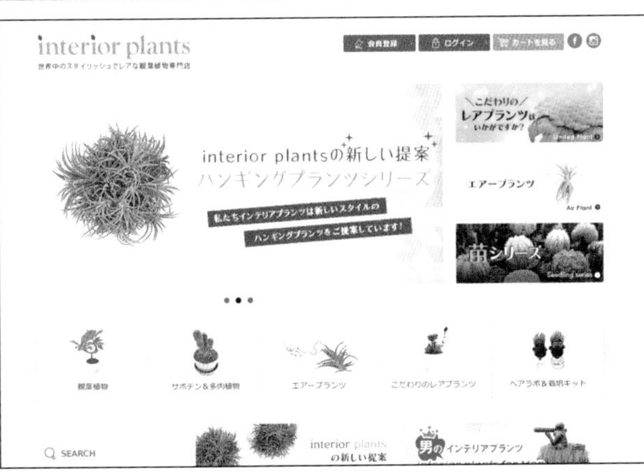
interior plants
世界中のスタイリッシュでレアな観葉植物専門店
会員登録
ログイン
カートを見る
interior plantsの新しい提案
ハンギングプランツシリーズ
私たちインテリアプランツは新しいスタイルの
ハンギングプランツをご提案しています!
＼こだわりの／
レアプランツは
いかがですか?
エアープランツ
Air Plant
苗シリーズ
Seedling series
観葉植物
サボテン＆多肉植物
エアープランツ
こだわりのレアプランツ
ヘアラボ＆栽培キット
SEARCH
interior plants
の新しい提案
男のインテリアプランツ

花見本
Echinopsis
'Salome'
Echinopsis
'Sansbar'
Echinopsis
'静御前'
Echinopsis
'Sigrid'
Echinopsis
'紫麟丸'
Echinopsis
'Siegfried'

图书在版编目（CIP）数据

萌肉自然家：多肉植物和空气凤梨的慢日常 / 日本自然生活编辑部著；李重儀译. -- 北京：中国画报出版社, 2019.4
ISBN 978-7-5146-1420-6

Ⅰ. ①萌… Ⅱ. ①日… ②李… Ⅲ. ①多浆植物—观赏园艺②凤梨科—观赏园艺 Ⅳ. ①S682.33②S682.39

中国版本图书馆CIP数据核字(2018)第276599号

北京市版权局著作权合同登记号：图字01-2018-4921

萌肉自然家：多肉植物和空气凤梨的慢日常
[日]自然生活编辑部 著 李重儀 译

出 版 人：于九涛
责任编辑：廖晓莹
内文设计：刘 凤
封面设计：詹方圆
责任印制：焦 洋

出版发行：中国画报出版社
地 址：中国北京市海淀区车公庄西路33号 邮编：100048
发 行 部：010-68469781 010-68414683（传真）
总编室兼传真：010-88417359 版权部：010-88417359

开 本：16 开（710mm× 1000mm）
印 张：6
字 数：82 千字
版 次：2019 年 4 月第 1 版 2019 年 4 月第 1 次印刷
印 刷：天津久佳雅创印刷有限公司
书 号：ISBN 978-7-5146-1420-6
定 价：48.00 元